自然美学 手作书系

东方自然清洁良方

21款古法新作手工皂

杨雯心 著

视频版

机械工业出版社

CHINA MACHINE PRESS

清潔良方

於西湖畔

垚洽

鸣谢李垚洽（汉山真人，老子第一二十二...

有给社会、环境带来负担与伤害，是可持续的，就值得去做。"一句话让我回到初心，于是继续埋头专研，做回自己。

直到 2019 年底，疫情刚刚暴发，家人也都无法出门。那是一段十分沉寂的日子，也有了更多时间深入生活与学习。我无意把之前拍的一段做皂视频发在短视频平台，没想到一夜之间有了五万粉丝，接着被越来越多的人知道，一年破了一亿播放量。

在这期间，收到了许多粉丝反馈，觉得这种清洁很"美"，疗愈了考前焦虑，缓解了环境压力，让睡眠更安稳了……原来不知不觉，这块看似不起眼的皂，已经开始了对身与心的双向清洁。做到外在的清净不难，做到内心的清净就不易了，这让我对"清净"又有了更深的认识，如《道原》所说："真人体之以虚无平易，清净柔弱，纯粹素朴，不与物杂，至德天地之道，故谓之真人。"

在这些心灵的碰撞中，也让我看到了许多与自己相似的人。大家用皂清

洁时会收获喜悦与清净心，喜欢阅读、写字，乐于发现生活中很小的美好快乐，热爱纯粹简单的东西，爱好和平友善……这些熟悉的灵魂，像知己朋友一般彼此相遇相伴，给予我更大的力量，十分感激。

这也让我开始明白，冷皂是一种媒介，这背后链接着我对自己的期待，与环境的友好联系，还有关怀感，心灵的融合。在这清洁小事里，也可以产生一种美学生活的体验。在这里，你所要准备的，只有热爱，带着这份爱沉浸在纯净的美好生活中。

作为一个东方人，我难免会想运用东方思维去做皂。如何能更深入当代人们的生活中，去发现当代中国人所重视的状态、精神，这是我一直在思索的。

思来想去，我选择做回自己，以这个点为中心，向内探知，静下来，这也是离自己更近的状态。我相信，把对世界的观察与抗衡变成对自己的观察与抗衡，很多东西变得反而清晰简单，希望在满足生活所需之外，自己还能多做些事情。

手作的意思与趣味，在于随机保留自然中的不同细节与更接近本质的特征，这其实还意味着去追求自然本质，需要对原材料更挑剔与富有层次的搭配，并带着感性的探知欲。

更多时候，我沉浸在生活与自然中观察与体验，如搅动皂液般，一切顺其自然地发生与流动。

野中的找寻，四季的循环，情绪的变换，时代的变更，旧时的记忆，家人的日常，所有生活片段的梳理与落地，链接人与自然生活之间的关系，最终落于每天捧在手心的清洁品，够天然环保，充满关爱，每日拂去身心尘。

清洁方式也好，民间手艺也好，美学生活也好，并非目的与结果，希望我所做的这件事，可以记录一代人或我们这一群人的喜好印记，这是源自生活的美好产物。

编写这本书历时两年多，用一个词语来形容或许就是"镜里探花"。探寻瞭见冷皂这么一个清洁方式，提供更多可能性的参考与启发，虽凭一本书传递远远不够，但依然希望这本"敲门砖"能让你爱上一个新的清洁方式，一种新的生活。

也欢迎大家的交流指正，一起把这块皂的美好分享给更多的人。

不染为清，不乱为净。

杨雯心

2023 年于中山

目 录

第一章　东方的清洁美学

● 闲居"沁芳长物"成为生活美学

2022 年全国高考语文甲卷摘选《红楼梦》"大观园试才题对额"
情节作为作文题目。看上去考点是对传统文学经典《红楼梦》的
解读，难点却在于对学生思想水平和审美品位的考查。

高考作为一种普遍的选人制度和方式，体现了国家对人才的要求
和方向。当高考将"审美"作为考点，可想而知，从国家层面非
常重视传统文化对生活美学的影响！

浅析这道作文题：元妃（贾元春）回乡省亲，贾府在大观园的桥
上建了一座亭子，取个什么名字好呢？贾宝玉给了一个"沁芳"。
从造字的角度来看，"沁"是从心里流淌出来的水，以一个"沁"
字形神兼备地表达了泉水的智慧；"芳"是一种气息之感，以丰
富的想象力去完善人的嗅觉体验。

如此可见，"沁芳"这个名字从色、香、味、触去延伸发展生活
美学，符合中国传统文化的审美。

古方澡豆 / 生活美学始于生活需求

从目前出土的青铜器来看，它们大多的功能是农耕、烹饪、取食、盛酒，可见人类文明的发展始于生产、生活方式，或可以称之为先古饮食美学的一部分。当然，最早的青铜器作为一种礼器多用来祭祀，以族群或者个体的生活美学作为神圣祭祀仪式的一部分，更加佐证了人类各个维度的生活都离不开生活美学，特别是饮食美学。

饮茶美学亦是如此。古人在制茶、烹茶中融入跨界思维，丰富生活美学的外延。比如古人在制茶时，将茶与花共同炒制，于是出现了花香茶，如兰香茶、茉莉香茶等；或者在烹茶的水上做文章，以雪水烹茶，收集储藏雪水的流程以及器皿，也一并归于生活美学的范畴。

饮食美学还延伸至身体清洁范畴。周代，人们在烧火、煮饭、取暖的过程中逐渐发现草木灰可以清洁污垢，于是将草木灰作为清洁用品使用。

随着生活需求的提升与扩展，古人将黄豆、绿豆磨粉食用，在饮食文化推演的进程中，古人又在无意间发现豆面的清洁力优于草木灰，并且比草木灰更方便。于是，人们开始将豆面制作成澡豆，用于洁面、沐浴等。

古人又将中草药与豆面相结合，创造出中医古方澡豆，不仅清洁力大大提升，还迭代了美肤功能。于是，初代冷皂——中医古方澡豆就这么登上了历史舞台。

魏晋时期，澡豆在权贵阶层广泛流行。当人们离不开用澡豆清洁身体时，又开始想办法如何盛放澡豆，以便随身携带。在出土的文物中有一只制作精巧的纯银澡豆盒子，推测应是权贵阶层不可或缺的生活物品。

后来，我们用从西方流入的橄榄油冷制法来制作冷皂，用以清洁。我们发现这种配方确实比澡豆的清洁力更好，也更方便携带。逐渐地，我们对冷皂的诉求更加多元，期待赋予它更多内容。

近几年,随着冷皂深入年轻群体,人们不仅对古方清洁青睐有加,也对囤皂、用皂的仪式感更加讲究。愫氧生活随之迭代升级冷皂盘子,选材从原木到紫砂,要利于保持冷皂的干燥,又要融入生活环境,符合美学理念。当人们的生活需求越高,周边产品的美学水准也应越高。

情为礼化 / 生活美学体现情感价值

我们中国人最擅长从寻常小事中寻找乐趣,然后发展到寄情于物。

古人起初发明青铜器,是用来作为宴享和放在宗庙里祭祀祖先的礼器,渐渐地古人发现它可以用来储藏冰块,于是就发明了青铜冰鉴,借助冰块制冷。当有了大型青铜器冰鉴以后,春天的杨梅可以留到秋天食用,夏天的西瓜可以留到冬天清润,古人开始召集亲友,共飨盛宴。

于是,储藏春天的杨梅变成了古人惦念亲人的一种方式,储藏夏天的西瓜也寄托了古人对友人的情谊。饮食美学在满足生活需求之后,有了情感价值的升华。

饮茶亦是。一个人拿着羽扇,一边往炭炉里添加炭块,一边小心扇风,保持炭块均匀地释放热力,等待水沸。炭火噼里啪啦地响,水汩汩地蹿着水泡,饮茶的好友你一句我一句说着体己的话语,眼前的岁月静好已然将焚香品茗发展为一种生活"长物",成为闲居美学的一部分。

清代诗人纳兰性德有一句诗:"赌书消得泼茶香,当时只道是寻常。"诗人用夫妻以茶赌书,以至乐得泼茶后满室洋溢茶香的情境细节,来表达闲适生活的乐趣和夫妻恩爱的场面。这里的茶已经不仅仅是生活方式的展示,更多的是亲密关系的寄托和美学场景的构建。

纳兰性德的描写所言非虚,正是宋代李清照和赵明诚的往事。诗人以诗寄情,却描写了另外一位伟大词人的情感生活。诗是相通的,情是相通的,诗情画意的载体——茶,更是相通的。

生活美学的根基是需求，而发展势必是情感价值。古方清洁亦是如此。

《红楼梦》中，贾府的太太小姐在中秋节吃过螃蟹之后要用绿豆面来洗手，以去除手上的腥气。把绿豆面与桂花蕊等天然香料密封熏制，让绿豆面染上桂花香气，这也是绿豆澡豆的一种呈现方式。曹雪芹以此来表现贾府精致的生活方式，也构建了当时的生活美学场景。

我去年将《红楼梦》中提到的菊花绿豆方融于冷皂制作，研发出一款菊花绿豆皂，适合夏季用来清洁，温和滋润，很受欢迎。当然，大家喜欢并认可冷皂的清洁方式，也不乏对传统经典文学的致敬和追随。消费选择往往也是美学品位的体现，有实用需求，亦有情感需求。

人文化成 / 生活美学魂宿文化传承

生活美学代表生活需求、情感需求，也铭刻文化属性。

东方的美学构成深受传统文化影响，崇尚自然和谐，倡导"天人合一"。我们喜欢什么人、什么品格，就会喜欢相应的生活美学和生活方式。

我们的文化推崇深藏不露，我们的生活美学就倾向干净、雅致、内敛。"梅须逊雪三分白，雪却输梅一段香。""春到兰芽分外长，不随红叶自低昂。""咬定青山不放松，立根原在破岩中。""不是花中偏爱菊，此花开尽更无花。"

我们将梅、兰、竹、菊比喻为"四君子"，通过古往今来的诗人对他们的描写，不难看出，我们喜欢"四君子"，就是喜欢他们高贵的品格——低调、内敛、谦和、贤达，这反映了东方审美的倾向，像极了皂的品质。

冷皂源于天然的橄榄油、水、食用碱，讲究皂食同源、天然环保，它的可爱之处在于不是一时一地的干净和美丽，而是可以相生相续的清洁方式。

我制皂与分享这个清洁方式多年，沉淀了无数个小小的心得。我也发现喜欢并持续使用冷皂的人群，往往温和随性、洒脱自如，如水一般，利万物而不争。皂食同源、皂由心生，正是古典文化审美影响古方清洁美学最好的解读。

● 冷皂对环境的意义

十年来，我坚持研发、制作、推广植物油冷皂清洁方式，使用简洁环保的包装方式，提倡物尽其用。

目前，化学合成导致的一些环境问题已经开始影响人们的生活，比如微塑料作为一种新兴污染物，已经引起全球的关注，成为近些年的研究热点。它污染水环境，影响动植物的生长环境和生命周期，破坏生态系统，危害人类健康。

而普通的化妆品、牙膏、洗面奶等均不同程度地含有微塑料颗粒。因此我们抵御微塑料污染，保护水土环境和动植物生存，最终目的是捍卫人类生命安全的权利。

如果你留意下化妆品或洗护用品的成分表，就会发现其中有聚乙烯、氧化聚乙烯、聚对苯二甲酸乙二醇酯等成分，这些就是添加的微塑料，在日化界又称微珠。仅一支磨砂洗面奶中所含的微珠就达 30 万颗以上。

洗衣机洗衣时也能产生大量的微塑料纤维，它们难以过滤分离，大部分会进入河流、海洋。

冷皂的主要原材料是珍贵的初榨植物油、山泉水、食用碱，以及各种可食用的五谷、茶、乳、果、花等。冷皂对皮肤没有二次伤害，且溶于水以后流入山川湖泊，对环境没有破坏力。大自然里的水好了，动植物才会好，生态系统才会好，我们的身体才会健康，心情才会愉悦。

我希望我的孩子长大成人以后，这个世界依然拥有安全的水、土、木；我希望我孩子的孩子看见的世界，还是山明水秀、善良旷达。

我愿意和冷皂双向奔赴，为环保尽一份责任。

● 皂给皮脂膜带来的益处

手工冷皂是以植物油、水以及食用碱为原材料，经过低温皂化反应形成的皮肤清洁用品，它的成品成分中含有甘油。

还记得皮脂膜吗？简单说就是油脂和汗液经低温乳化，在皮肤表面形成的一层保护膜。

手工冷皂遇水后，其成分接近皮脂膜的组成，用其清洁皮肤，与天然的皮肤屏障相得益彰。

如果习惯了用皂基皂或者皂基洗面奶清洗面部，那么刚开始使用冷皂可能会有所不适。皮肤新陈代谢的周期是 28 天，给自己 28 天时间，去体验植物油为基础的天然保养品的滋养吧，定不负所望。

第二章 制皂的准备工作

● 制皂三大元素

油品：植物油是冷皂最主要的原料组成部分，使用优质的油脂制作的皂，亲油亲水，具有较好的清洁效果且皮肤不会感到干燥。常用的制皂植物油为橄榄油、茶油、椰子油、乳木果油等。

水分：根据制皂地环境的湿度自行调节用水量，一般为氢氧化钠重量（碱量）的2~2.5倍。

氢氧化钠：制作稳定固体皂的重要原料之一，常温下为白色晶体，由海盐经电解分离后所得。

制皂常用食材特色与功效

品类	特色	功效
豆乳	修复受损角质层	入皂时需先把豆乳冻成冰块，加入后低温搅拌，可增加皮肤弹性和光泽，修复受损角质层
红糖	保湿、软化	加入红糖的皂发泡更细腻，会加深皂的颜色，具有软化保湿效果
燕麦	白皙、软化肌肤	燕麦粉入皂可以增加皂的质感，含 B 族维生素，有软化角质、止痒作用
咖啡	去角质、除臭去污	可在沐浴去角质皂中加入咖啡粉；家事皂中加入咖啡渣，不但环保，而且除臭和去污效果也很好
水果	柔肤、平衡油脂	水果具有较好的美肤功效。例如，苹果皂很适合油性痘痘肌人群使用，帮助皮肤平衡油脂分泌；也可将柠檬皮削成细丝加入制皂
巧克力	活化肌肤、保湿	巧克力入皂能使洗感饱满滋润，帮助肌肤恢复活力、保持弹性、紧致收敛
胡萝卜	修复、减少痤疮	胡萝卜素有助于修复伤口、清洁汗腺、减少痤疮，能保护皮肤减少晒伤和损害，并使肤色变得均匀
绿豆	控油、减少痘痘	绿豆是天然的入皂食材，在清洁中能更好地吸附多余油脂，改善痘痘肌

制皂常用精油属性

品类	心灵属性	肌肤属性
薰衣草精油	具有镇静效果，可降低血压、安抚心悸，缓解失眠症状	清热解毒、清洁皮肤、控制油分、淡化痘印
茶树精油	有助于保持头脑清醒、恢复活力	抗菌消炎、抑制痘痘
尤加利精油	提神醒脑，集中注意力	预防细菌滋生和蓄脓，促进新组织的构建，改善化脓、疱疹、青春痘肌肤，畅通毛孔
广藿香精油	缓解紧张、消除疲劳、营造平衡感	可改善头皮毛发问题，助细胞再生，也是很好的定香剂
天竺葵精油	平抚焦虑、沮丧，纾解压力	能深层洁肤，平衡皮脂分泌
柠檬精油	提神醒脑、振奋精神、缓解烦躁	平衡油脂分泌，美白皮肤
罗马洋甘菊精油	减轻忧虑，让心灵平静，缓解失眠症状	有抗过敏作用，能平复破裂的微血管，增进皮肤弹性
花梨木精油	有助于消除倦怠、疲劳、痉挛，减轻头痛等	促进细胞再生和血液循环
乳香精油	能使人感觉平和，改善心情，缓解焦虑情绪	淡化细纹，紧致肌肤，平衡油性肤质
檀香精油	缓解精神紧张，带来祥和的气氛	淡化疤痕、细纹，滋润肌肤

薄荷　　白七　　蕲艾

Rose Hip Seed
(Rosa mosqueta) 64 fl oz
Appalachian
Valley Natural
Products
Anatolian Treasures

Grape Seed
(Vitis vinifera) 128 fl oz
Appalachian
Valley Natural
Products
Anatolian Treasures

SHEA NUT
OIL
CERTIFIED ORGANIC
16 fl oz (473 mL)

EX
C
OR

1 L

Soler Romero
aceite de oliva virgen extra
ecológico

BIO

Extracción en frío　　Almazara Familiar

Soler Romero
organic extra virgin olive oil
huile d'olive vierge extra biologique

100%
ORGANIC

Cold extracted
Product of Spain
Single Estate
Extrait à froid
Produit d'Espagne
Exploitation familiale

SUPER COCO

VIRGIN
COCONUT OIL
• Free of Trans-Fatty Acids • All Natural Oil
1.5L (50.72) fla Oz)

037

● 配方的计算方法

油品重量计算：

总油量 × 各单品油油脂比例 = 各单品油重量

氢氧化钠重量计算：

各单品油重量 × 各单品油皂化价[一]（相加）= 该配方所需氢氧化钠重量（碱量）

水量计算：

氢氧化钠重量（碱量）×2.5= 水量

INS 值[二] 计算：

各单品油油脂的 INS 值 × 各单品油油脂比例（相加）= 该配方的 INS 值

| 举例 |

我们要做一个 500g 的手工冷制皂，选用椰子油和氢氧化钠调配，那么：

1. 首先准备 500g 椰子油。

2. 计算冷制皂所需氢氧化钠值，根据公式结合下页表格，即 500g×0.19=95g，所以
   需要 95g 氢氧化钠。

3. 水量计算：95g×2.5=237.5g，所以需要 237.5g 水（如果所在地潮湿，可以调整为
   2.3~2.4 倍）。

于是，我们的配方就出来了：

水：237.5g

氢氧化钠：95g

椰子油：500g

[一] 皂化 1g 的油脂所需要的氢氧化钠的克数。

[二] INS 值表示皂的软硬程度，一般手工皂硬度建议在 120~170。
    INS 值越小硬度越小，INS 值越大硬度越大。

● 植物油皂化价与 INS 值一览表

注意做皂选油，需要用单品油，不要购买"调和油"。

品类	简介	皂化价	INS 值	参考用量
椰子油	制皂基础用油，可以平衡起泡度，加强洁净力	0.19	258	15%~35%
棕榈油	制皂基础用油，可以提升皂的硬度和耐用度	0.141	145	10%~60%
橄榄油	内含维生素 E 及非皂化物，富含不饱和脂肪酸，易被皮肤吸收，可改善色斑、皱纹等	0.134	109	1%~100%
白油	提高皂硬度，增加泡沫蓬松度，带来清爽感	0.136	115	10%~20%
黑加仑油	增强皮肤弹性，减少皱纹，改善干燥	0.135	20	5%
花生油	富含维生素 E 及抗氧化成分，保护皮肤，防止皮肤皲裂老化	0.136	99	15%~30%
芥花油	软性油脂，常用于调节皂软硬度，带来清爽感，也可提升肌肤延展性，减慢皮肤衰老速度	0.1324	56	10%~20%
葵花籽油	添加葵花籽油的皂能更好地渗透到皮肤内部去清洁肌肤	0.134	63	5%~10%
芦荟油	平衡油脂，保湿因子含量比较丰富，利于改善皮肤干燥和起皮的症状	0.139	97	10%~30%

品类	简介	皂化价	INS 值	参考用量
美藤果油	分子结构小，能迅速渗入皮下组织，毫无油腻感	0.1424	202	10%~20%
牡丹籽油	属于小分子油，有抗皱、保湿、祛斑功效	0.135	40	5%~10%
樱桃籽油	给予皮肤持续软化，是一种分布均匀的天然软化剂	0.1375	62	5%~10%
蓖麻油	软性油，可修复柔软肌肤与发丝，增加皂的柔韧度，但入皂含量太高会导致皂不容易脱模	0.1286	95	5%~20%
甜杏仁油	亲肤性与滋润度都很好，可以缓解皮肤发痒	0.136	97	15%~30%
酪梨油	渗透性很强，适合干性肌肤，可以柔软、修复、镇静肌肤	0.133	99	10%~30%
开心果油	富含维生素 E 和大量不饱和脂肪酸，也常用于洗发皂，有抗氧化作用	0.1328	92	10%~35%
茶花油	含有大量的油酸以及维生素 E，渗透性佳，滋润性极佳，能够被肌肤快速吸收	0.1362	108	1%~30%
荷荷巴油	分子排列和人体的油脂非常类似，是稳定性极高、延展性佳的基础油，适合油性敏感皮肤，可调节水油平衡	0.069	11	5%
榛果油	可以很好地调理肌肤，没有致痘性，能缓解肌肤干燥敏感	0.1356	94	15%~30%

品类	简介	皂化价	INS 值	参考用量
玫瑰果油	保湿效果很不错，可以缓解肌肤干燥，改善肌肤干燥引起的细纹，提亮肤色	0.1378	16	5%
米糠油	能保护滋润皮肤，使皮肤柔软光滑	0.128	70	10%~20%
月见草油	帮助恢复肌肤光泽和弹性，入皂起泡较少	0.1357	30	5%
小麦胚芽油	入皂可以减少酸败，让皂体更稳定，使用有清爽感，起泡高，具有抗氧化效果，可修复疤痕	0.131	58	5%~10%
琉璃苣油	抑制肌肤的炎症，提高细胞自我修愈力，缓解肌肤敏感泛红	0.1357	50	5%~10%
芝麻油	对肌肤和头发都很有益处，能保持皮肤健康，也很适合干性肌肤	0.133	81	10%~30%
黑种草籽油	促进肌肤更新，缓解过敏，对抑制痘痘、黑头也有帮助	0.139	62	5%
沙棘果油	可抑制皮下组织发炎，同时能滋养肌肤，具有抗氧化、淡化细纹、提亮肤色的作用	0.138	47	5%~20%
苦楝油	可抗细菌和病毒，止痒，对治疗皮肤粉刺、湿疹、创伤都有很好的作用	0.1387	124	10%~20%
月桂果油	能促进皮肤细胞新生、提亮肤色和减少皱纹	0.183	107	10%~20%

品类	简介	皂化价	INS 值	参考用量
乳木果油	适合全身的护理，能改善干燥、预防妊娠纹，可用于婴儿湿疹护理，能形成接近天然皮脂膜的"油脂膜"，几乎所有肤质都能享受它的滋养与保护	0.128	116	15%~20%
可可脂	可以形成一层油脂膜，帮助锁住肌肤的水分，保持皮肤柔软，具有良好的保湿作用，能预防皮肤干裂	0.137	157	15%
石榴籽油	含维生素 A、维生素 C 等丰富的抗氧化物质，能减缓皮肤老化，还能帮助淡化细纹、干纹等	0.135	168	5%~15%
琼崖海棠油	因较好的修补和保护作用而著称，帮助愈合受伤皮肤，如蚊虫叮咬或咬伤，龟裂，手术后伤口，疱疹等	0.139	82	5%~15%
白芒花籽油	含有天然维生素 E，能保持皮肤水分，修复干燥、粗糙肌肤，延缓老化，重建肌肤屏障；也可以修复头发干燥和分叉，减少头皮屑	0.12	77	5%~10%
葡萄籽油	富含维生素和矿物质，能很好地被皮肤吸收，有助于淡化色斑，紧致肌肤，改善细纹，嫩肤等	0.134	66	5%~15%
猴面包树油	很适合油性痘肌，可缓解皮肤炎症以及发红、发痒和干燥的状况，还具有清洁及柔润皮肤的作用	0.136	110	10%~20%

品类	简介	皂化价	INS 值	参考用量
南瓜籽油	富含维生素 E 和硒，能够抗氧化，改善肤质，清除自由基	0.1331	67	5%~10%
亚麻籽油	含有不饱和脂肪酸，有很好的亲和力和渗透力，能补充皮肤所需要的脂质成分，修复干性皮肤，调节由于接触表面活性剂而损伤的皮肤脂肪酸水平，维持和增强皮肤细胞膜及间质的正常结构和功能	0.1357	6	5%~10%
洋甘菊脂	含有黄酮类的活性成分，能够对敏感型的肌肤起到修复作用，同时还能减少脸上的红血丝，调整肤色不均的问题	0.134	118	5%~25%
山茶油	含丰富油酸，能够被皮肤快速吸收，在皮肤表面形成透气保水膜，减少皮肤深层的水分损失，使皮肤保持湿润光滑和弹性	0.134	108	5%~30%
澳洲胡桃油	低温冷压萃取，具有罕见高比例的棕榈油酸（含 20% 以上），可以被很好地吸收渗透。成皂后皂体很稳定，还有坚果特殊的香气	0.139	119	5%~10%
杏核仁油	质地轻盈，无油腻感，可以滋养、软化及保护肌肤与头发	0.135	91	5%~10%

● 制皂工具准备

不锈钢锅或玻璃锅：2 个（1.5~2L），用于打皂。

量杯：4 个，用于分装油品、水等。

硅胶刮板：2 个，用于搅拌、刮皂液。

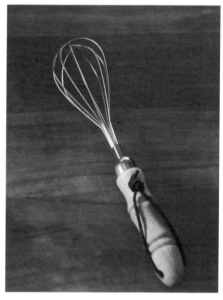

不锈钢打蛋器：1 个，用于打皂。

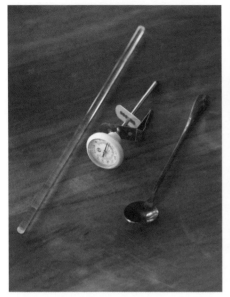

温度计、搅拌棒：各1个，用于控制温度、搅拌。

锤子、刮刀：各1个，用于修皂、盖章。

电子秤：1个，用于称量油品及原料。

口罩、防护眼罩、一次性手套：各1个，用于溶碱及打皂。

硅胶模具：1个，用于入模。

切皂器：1个，用于切皂。

陶罐熬煮锅：1个，用于熬煮中药。

过滤筛：2个，用于过滤植物粉。

● 制皂前期环境准备

寻找通风处：制皂溶碱过程会产生一些带异味的气体，避免在密封的环境制皂。

安置儿童与宠物：防止儿童与宠物接触氢氧化钠。

做好个人防护：避免皮肤接触氢氧化钠，要先做好防护。

● 制皂名词解析

准备：清理好工作台，戴上手套、护目镜、口罩、围裙，准备开始制皂。

混油：将配方中的植物油分别称好后混合，如果有固体硬油，先隔水加热熔化硬油后再混入其他植物油中。

溶碱：将氢氧化钠分 3~5 次倒入冰块中，并用搅拌勺不停搅拌，直到氢氧化钠完全溶解于液体中。

降温：氢氧化钠溶液与植物油的温度应该保持一致，混合温度控制在 35~40℃，如果植物油或氢氧化钠溶液温度过高，需要先降温处理。

混合：氢氧化钠溶液与植物油温度均在 35~40℃时可以一边搅拌一边混合打皂，如果是豆乳皂，两者温度应保持在 30℃。

打皂：可以顺时针或逆时针打皂，但始终一个方向为好，待皂液可以刮出明显痕迹即打好了。

入模：将打好的皂液入模，可以用力震几下消除气泡。

保温：将皂液与模具一起放入恒温保温箱（或泡沫箱）保温 2~5 天，冬天或软油较多的配方可以再延长几天。

脱模：3~7 天后可以脱模，如果皂还有点黏可以再多放几天。

成熟：一般情况下晾皂 30 天，皂体基本温和便可以使用了。经过长期观察，发现了更适合的成熟时间，熟化 49~68 天再使用，皂的层次会变得更丰富，皂丰富的层次会随着时间的推移越来越显现出来。资深皂友也有使用熟化 1~2 年皂的习惯，往往随着时间的推移皂会留下时光的惊喜。

第二章 古法新作原创皂配方

能量皂集

利用东方特色食材、药材的不同特性入皂，融入东方遵循万物规律的思维与哲学。自然界中万物都具有不同特性，但又相互关联，相互作用。清洁与生活也应当如此。

水鹨桃胶皂

有人常用"弱水三千，只取一瓢"比喻人对待事物的专精，水往往承载着中国人对事物的看法和态度，金石之坚，得水而清。做这款皂在浸泡桃胶时，看着坚硬的桃胶在水中缓慢化开，改变形态，也会萌发这些感悟，感叹水的奇妙。鹓雏为五凤之一，喜欢的人，内心往往高洁、独立、坚毅。

原料
解析

桃胶（又名桃油、桃脂、桃花泪）是蔷薇科植物桃或山桃等树皮分泌出来的胶状物质，其主要含半乳糖、鼠李糖、α-葡萄糖醛酸、脂肪、蛋白质等。

辅助
功效

滋润淡纹　恢复弹性　舒缓养护

适合
肤质

干性　中性　初老

原料
配方

A：橄榄油 245g，乳木果油 175g，椰子油 140g，甜杏仁油 70g，
　　月见草油 70g

B：桃胶、雪燕、皂角米制成的液体，取 233g

C：氢氧化钠 101g

D：乳香精油 10mL

油品
总量

700g

入模
总量

约 1034g

1 选材：把桃胶 10g、雪燕 10g、皂角米 20g 称好备用。

2 浸泡：将桃胶、雪燕、皂角米一起加入清水 500mL 中，浸泡 12 小时左右，体积膨胀后反复
   清洗几遍，去除杂质。

3 熬煮：熬煮 20 分钟即可打成浆水，冷冻成冰块备用。
   注意：桃胶浆水不要过于浓稠，以可以轻松流动为佳，过于浓稠可能会导致制皂失败。

4 溶碱：取上一步冻好的冰块 233g 与氢氧化钠 101g 混合，混合后温度保持在 30℃备用。
   注意：可以使用温度计观测温度，温度过高时可以将混合物放在一盆冰水中降温，温度过低时可以
   加热一下。

5 混油：将上一步的混合物缓慢倒入所有植物油（配方 A）中，同时快速均匀搅拌。
   注意：可以提前混合好植物油，温度也同样保持在 30℃。

6 打皂：持续搅拌到皂液呈酸奶状，可以刮出明显痕迹，加入乳香精油 10mL，搅拌均匀即可。

7 　入模：将打好的皂液缓慢倒入模具当中，用力震几下消泡。

8 　保温：温度保持在 35℃，保温 2~5 天。

9 切皂：出模后，硬度没有很高的皂可以再放几天，待外表冷却干爽后开始切皂。

10 晾皂：可以把切好的皂放在干燥通风处，待 30 天后成熟便可以使用。

扫码看视频
（视频仅供参考）

睦和紫草皂

记得小时候，母亲经常提醒我吃地黄时注意"生"与"熟"的区别，血热妄行时可用生地黄清热凉血，而熟地黄的作用是滋补、添精益髓。从此我意识到草药材的神奇，和谐中散发着不同的魅力，在不同的状态下发挥着不同的作用。现在我也很喜欢用各类草药材入皂，其中紫草变幻较为神奇。选配紫草、生地黄、防风、当归一起浸泡在橄榄油中三个月以上，取名"睦和"，表达"木"元素能量条达舒畅的作用与性质。

原料
解析

紫草是一味清热凉血药，为紫草科植物新疆紫草或内蒙古紫草的干燥根。

辅助
功效

改善痘痘

适合
肤质

痘痘肌　油性肌　混合肌

原料
配方

A：紫草药油 245g（紫草 200g，生地黄 150g，防风 100g，当归 100g，橄榄油 1000g）

B：椰子油 224g，月见草油 105g，葵花籽油 70g

C：纯水 243g

D：氢氧化钠 106g

E：紫草粉 30g

油品
总量

644g

入模
总量

1023g

◆ 制作过程

1

2

3

4

1 浸泡：把紫草 200g、生地黄 150g、防风 100g、当归 100g 放在密封罐中，倒入橄榄油
   1000g，浸泡三个月备用，自然析出药材精华后，油会呈现紫红色，也称为紫草药油。

2 配油：把紫草药油 245g、椰子油 224g、月见草油 105g、葵花籽油 70g 混合在一个大盆中，
   温度控制在 40℃备用。

3 溶碱：把氢氧化钠 106g 倒入纯水 243g 中混合。

4 打皂：将上一步的混合物倒入装有所有配油的大盆中，用打蛋器快速搅拌。

5 加料：待油脂完全融合后，把皂液倒出 200mL，加入紫草粉 30g 充分拌匀。

6 入模：将上一步的混合物倒回大盆中，打到可以刮出明显痕迹，开始入模。

7　保温与切皂：放保温箱，温度保持在 35~40℃，保温 2~5 天。待皂外表干爽冷却后可以开始切皂。

8　晾皂：在干燥通风处晾皂，熟化 30 天以上即可使用。

扫码看视频
（视频仅供参考）

净乐竹炭皂

竹炭皂

代表水元素的"净乐"有着水元素的流动感与深沉，水元素往往也代表着智慧。那么何为"智"？我觉得在中国人心中，"智"从来不是靠聪明去获取，而是洒脱、懂放下，活出孩童般的简单，这也是我对这块皂的创作诠释。竹炭的纹路很美，像是水墨江南，又似天空中下了一场雨，露出一张洁白干净的脸。懂得放下，确凿地做减法，给皮肤以及情绪一份简单喜乐。

原料解析

竹子经过近千摄氏度的高温炭化后，就形成了竹炭。竹炭可以吸附细菌、去除老废角质。

辅助功效

吸附毛孔污垢　改善黑头　净透平衡

适合肤质

闭口粉刺　黑头　油性肌　混合肌

原料配方

A：橄榄油 245g，椰子油 210g，海棠油 105g，葡萄籽油 70g，米糠油 70g

B：豆乳 263g

C：氢氧化钠 105g

D：竹炭粉 20g

油品总量

700g

入模总量

1088g

◆ 制作过程

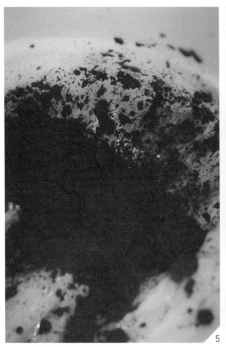

5

6

1　备料：提前一天把豆乳倒入冰格冷冻一晚上。

2　溶碱：取氢氧化钠 105g 与豆乳冰 263g 一边搅拌一边混合为豆乳碱水，温度保持在 28℃备用。

3　混油：将橄榄油 245g、椰子油 210g、海棠油 105g、葡萄籽油 70g、米糠油 70g 混合在大盆中，
　　温度控制在 28℃。

4　打皂：把豆乳碱水缓慢倒入混油的大盆中，快速搅拌。

5　加料：待油脂完全融合后，把皂液倒出 200mL，加入竹炭粉 20g 充分拌匀。

6　渲染：把上一步的混合物倒回大盆中，用刮板渲染出花纹，可以刮出明显痕迹后入模。

7 保温与切皂：温度保持在 30~35℃，保温 2~5 天。皂体干爽冷却后可以开始切皂。

8 晾皂：选择干燥通风处晾皂 30~40 天，成熟后即可使用。

扫码看视频
（视频仅供参考）

凤心沙棘皂

"凤心沙棘"象征着五行之火，橙红的果实带来光明、温暖，让肌肤也跟着升腾气色，时光之美就这样凝聚在了这方寸之间。希望我们像沙棘一样活出另一番模样，在现实的磨砺之下，学会逢山开路、遇水架桥；在时代的限缩之下，学会开疆辟土、所向披靡，拥有沙棘热烈不退缩的生命力，如涅槃重生的凤凰。

原料
解析

沙棘是阳性树种，喜光照，在地球上生存超过2亿年。沙棘能在"地球生态癌症"——砒砂岩地区生存，拥有坚毅、顽强的精神。

辅助
功效

改善肤色　抗氧化　修复

适合
肤质

初老肌　干性肌　中性肌　暗沉

原料
配方

A：沙棘果油 210g，橄榄油 140g，乳木果油 140g，玫瑰果油 105g，
　　椰子油 105g

B：沙棘汁 266g

C：氢氧化钠 106g

油品
总量

700g

入模
总量

1072g

1　取汁：把新鲜沙棘果装入纱布研磨，取汁过滤。

2　制冰：把过滤好的沙棘汁冷冻一晚上备用。

3　溶碱：取冻好的沙棘冰块 266g 放入容器，缓慢倒入氢氧化钠 106g，快速搅拌，温度控制在 30℃。

4　混油：将配方 A 混合，把温度控制在 30℃，把上一步制得的液体缓慢倒入植物油（配方 A）中，快速搅拌。

5　打皂入模：搅拌到皂液呈酸奶状即可入模。

6　保温：将皂液与模具一起放入恒温保温箱（没有保温箱也可以用泡沫箱），保温 2~5 天，温度控制在 40℃左右。

7

7　切皂：皂体干爽冷却后开始切皂，选择干燥
　　通风处晾皂30~40天，成熟后即可使用。

扫码看视频
（视频仅供参考）

檀香有深远的木香与清甜，我喜欢将其比喻成一位稳重优雅的绅士，所以取名"君格"。人各有不同，但可以让自己在成长中学会像大地与明君一样，有博大的胸怀和包容心。檀香香气因子很活跃，不仅留香持久，而且会呈弥散状包围着你。侧闻，温和隽永；远闻，圆润安稳；近闻，悠长而专注。

原料
解析

正宗的老山檀，奶香和木甜香叠加，层次丰富，深沉而有内涵。

辅助
功效

柔软肌肤　调理平衡　减少感染问题

适合
肤质

中性肌　混合肌　油性肌　粗糙

原料
配方

A：橄榄油 245g，椰子油 224g，荷荷巴油 91g，米糠油 70g，葡萄籽油 70g

B：冰檀香纯露 228g

C：氢氧化钠 99g

D：檀香粉 20g，檀香精油 10g

油品
总量

700g

入模
总量

1057g

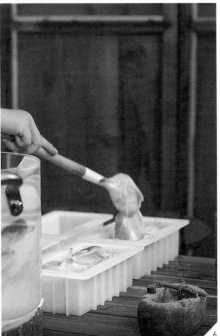

1　配油：把橄榄油 245g、椰子油 224g、荷荷巴油 91g、米糠油 70g、葡萄籽油 70g 依次混合在一个大盆中，温度控制在 30℃备用。

2　溶碱：把氢氧化钠 99g 缓慢倒入冰檀香纯露 228g 中，搅拌至完全溶解，温度控制在 30℃备用。

3　打皂：把上一步制成的溶液缓慢倒入配好的植物油（配方 A）大盆中，搅拌到皂液呈酸奶状。

4　加料：倒出皂液 200mL，加入檀香粉 20g 与檀香精油 10g，搅拌均匀至无颗粒。

5　渲染：把调好的皂液倒回大盆后用刮刀翻转一会儿，形成自然纹路。

6　入模：入模后保温 2~5 天。

7   切皂：出模后待皂体外表干爽冷却后可以开始切皂。

8   晾皂：晾皂 30 天，成熟后即可使用。

古研
皂集

流传已久的经典古方，
携带着每个时期人们的喜好与向往，
隐藏着生活的乐趣与艺术，
记录着人文的发展历程。
传承很重要，尊重当下的人文，
尝试更多改变与可能性也同样有意义。
古方也凝结着古人的智慧，古法新作，
从古方中提炼其精神与要点，
酝酿成皂，经多次研磨，陪伴清洁，
也能悟到古今人文生活的各自趣味。

葡萄酒酿皂

我国的葡萄酒酿历史悠久，在盛唐，民间酿造及饮用就已很普遍了。将酒酿入皂，源自在中山市左步村的发现，穿过村子的稻田，葡萄园的葡萄清甜脆口，于是从摘葡萄、酿葡萄酒、入皂凝脂、三研三磨、晾干到成皂，用过的姑娘们都说有股自然清甜味。

原料
解析

一方水土养一方人，一方水土养一方果。葡萄中的花青素、类黄酮、维生素 C 含量丰富，具有较强的抗氧化作用。

辅助
功效

减少自由基　防衰老　减少细纹

适合
肤质

干纹　粗糙　暗哑　混合肌

原料
配方

A：橄榄油 280g，椰子油 160g，牡丹籽油 160g，石榴籽油 120g，
　　美藤果油 80g

B：葡萄酒酿 267g

C：氢氧化钠 116g

油品
总量

800g

入模
总量

1183g

◆ 制作过程

1 过滤：过滤葡萄酒酿 267g，放置一晚，待酒精挥发后，冷冻成冰块。

2 溶碱：取出冰块，加入氢氧化钠 116g，溶解后备用。

3 混油：将橄榄油 280g、椰子油 160g、牡丹籽油 160g、石榴籽油 120g、美藤果油 80g 依次加入大容器中混合。

4 打皂：将上两步混合物的温度均保持在 30℃时，一边混合一边搅拌。

5 入模：搅拌到皂液呈酸奶状时入模。

6 刨皂：晾皂 30 天，成熟后将皂刨成皂片。

7　研磨：将皂片研磨捶打。

8　捏制：捏制成型。

9　晾干：将皂晾干后即可使用。

扫码看视频
（视频仅供参考）

人参玉容皂

今天我们将从唐代延续至今的玉容散结合冷皂工艺完美改良，清洁与养护并存。选多味药材，浸泡药油，熬煮，磨粉，三道研磨，经繁复的工序，我感受到的皂气、人气是时间和工夫成就的。待研磨晾干后，人参气息扑面而来，敦厚、温润的手感，好不舒服。做这么一块皂，可是费了心思、费了力气了。

原料解析

玉容散在《千金要方》记为"治面黑黯皮皱皴散方"，后将玉容散发扬光大的是慈禧太后。清代太医推荐玉容散给慈禧常年敷面，慈禧晚年肤色如少女般光滑润泽。

辅助功效

滋阴软坚　润皮肤　除黑斑

适合肤质

斑点　干性肌　老化　混合肌

原料配方

A：玉容浸泡油 280g（人参 20g，灵芝 30g，白牵牛 15g，白蔹 15g，白细辛 15g，甘松 15g，白芨 15g，白莲芯 15g，白茯苓 15g，白芷 20g，白术 15g，荆芥 15g，独活 5g，羌活 5g，白丁香 15g，金银花 10g，川芎 10g，白附子 5g，防风 5g，白扁豆 10g，橄榄油 1000g）

B：月桂果油 200g，椰子油 160g，琼崖海棠油 80g，猴面包树油 80g

C：玉容汤水 270g

D：氢氧化钠 117g

E：玉容粉 20g

油品总量

800g

入模总量

1207g

◆ 制作过程

1

2

3

4

1　浸泡：将配方 A 中的原料依次放入密封罐中，倒入橄榄油 1000g，密封浸泡一个月以上，获取玉容浸泡油。

2　熬煮：将配方 A 中的原料熬煮，过滤出汤水 270g，冷藏两小时以上备用。

3　溶碱与混油：在冷藏后的汤水 270g 中加入氢氧化钠 117g，溶解备用。将玉容浸泡油 280g、月桂果油 200g、椰子油 160g、琼崖海棠油 80g、猴面包树油 80g 依次加入大容器中混合。

4　打皂：将上一步得到的两种混合物在温度均为 30℃时，一边混合一边搅拌。

5　加料：加入玉容粉 20g，搅拌均匀。

6　入模：搅拌到皂液呈酸奶状时入模保温。

7　刨皂与研磨：晾皂 30 天，成熟后刨丝，反复捶打研磨。

8　捏制：捏制成型。

9　晾干：将皂晾干后即可使用。

扫码看视频
（视频仅供参考）

玉容

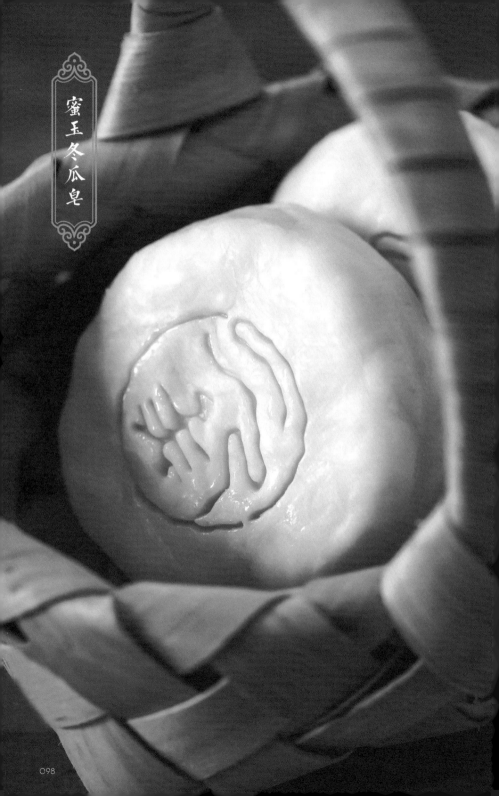

蜜玉冬瓜皂

研发日记	蜂蜜冬瓜皂的灵感和配方源于冬瓜膏。以冬瓜为线索，我起了研究的兴致。这寻常吃的冬瓜是正宗东方食材，《御药院方》中也有关于冬瓜方的记载。将冬瓜捣烂，加蜂蜜熬煮至膏，敷于面部，治颜面不洁，苍黑无色。做皂之路，亦是求知之路。人类追寻美的天性令好配方走过万水千山，走过峥嵘岁月，来到你我身边。
原料解析	古代药籍中有关冬瓜的记载很多。如《圣济总录》中有用冬瓜调制"面黑令白"方的记载；《本草纲目》记载冬瓜有"洗面澡身，令人悦泽白皙"的作用，冬瓜常被用在古代面敷中。
辅助功效	光泽细腻　延缓衰老　滋润皮肤
适合肤质	干性肌　敏感肌　混合肌　肌黑
原料配方	A：橄榄油 210g，月桂果油 120g，乳木果油 120g，椰子油 90g，石栗油 60g B：冬瓜水 188g C：氢氧化钠 82g D：沉香精油 12g，枇杷蜜 15g
油品总量	600g
入模总量	897g

5

6

1　选材：选购冬瓜一片。

2　切块：将冬瓜去皮切块，不要丢掉瓤和籽。

3　熬煮：把切好的冬瓜、瓤和籽一起加入清水中熬煮。

4　加料：小火熬煮 30 分钟，待冬瓜绵软后关火冷却，添加枇杷蜜 15g。

5　溶碱：将冬瓜蜜汁过滤后取 188g 冷冻成冰块，与氢氧化钠 82g 混合搅拌。

6　混油：将橄榄油 210g、月桂果油 120g、乳木果油 120g、椰子油 90g、石栗油 60g 分别倒入一
　　个大容器中，与上一步制得的冬瓜碱水混合搅拌。

11

12

7   打皂：一直搅拌到皂液呈酸奶状。

8   加料：加入沉香精油 12g。

9   入模：搅拌均匀后入模。

10 刨皂：保温一周后出模晾皂，待 30 天后成熟，刨片。

11 研磨：反复研磨捶打。

12 捏制：捏制成型，将皂晾干后即可使用。

扫码看视频
（视频仅供参考）

石斛珍珠皂

战国时期，宋玉形容美女："眉如翠羽，肌如白雪。"苏轼《虞美人》："冰肌自是生来瘦，那更分飞后。"《红楼梦》描写薛宝钗："雪白的一段酥臂……"一白遮百丑，从古至今人们一直没有停止对肤白的向往追逐。这款皂便与经典古方"白七"密不可分。我在研发过程中，把石斛珍珠经典方与白七方有机结合在一起，承前启后，加强效果的同时缓解纯药材带来的干燥感。

**原料
解析**

石斛，野生种多生长在疏松且厚的树皮或树干上，有的也生长于石缝中或山谷岩石上。《本草纲目》记载："石斛丛生石上，其根纠结甚繁……频浇以水，经年不死，俗称为千年润。"

**辅助
功效**

恢复弹性　滋润光泽　改善皱纹

**适合
肤质**

干性　混合　中性　细纹

**原料
配方**

A：白七浸泡油 240g（白芨 210g，白芷 210g，白术 210g，白茯苓 210g，
　　白蔹 210g，白芍 210g，橄榄油 1000g）

B：椰子油 200g，乳木果油 120g，白芒花籽油 120g，葡萄籽油 120g

C：石斛水 266g

D：氢氧化钠 116g

E：珍珠粉 18g，六种混合药粉 18g

**油品
总量**

800g

**入模
总量**

1218g

◆ 制作过程

1

2

3

4

1 选材：可以在正规药店选购白芨、白芷、白术、白茯苓、白蔹、白芍及珍珠。

2 浸泡：将白芨 210g、白芷 210g、白术 210g、白茯苓 210g、白蔹 210g、白芍 210g 放入密封罐内，再倒入橄榄油 1000g，浸泡一个月以上，获得白七浸泡油备用。

3 磨粉：将珍珠、白芨、白芷、白术、白茯苓、白蔹、白芍分别磨粉备用。

4 混油：将白七浸泡油 240g、椰子油 200g、乳木果油 120g、白芒花籽油 120g、葡萄籽油 120g 分别取出混合在一个大容器内，温度控制在 30℃备用。

5 溶碱：将氢氧化钠 116g 缓慢倒入冷藏过的石斛水（冷萃浸泡提取）266g 中，溶解后温度保持在 30℃备用。

6 打皂：将上两步得到的溶液一边混合一边搅拌。

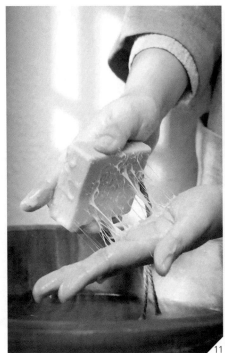

11

7　加料：搅拌到皂液呈酸奶状，将皂液倒出一半，加入药粉 18g 搅匀。

8　拌匀：往另一半皂液加入珍珠粉 18g 搅匀。

9　入模：分两次分层入模。

10　保温：保温 2~5 天后出模。

11　成熟：晾皂 30 天，成熟后即可使用。

扫码看视频
（视频仅供参考）

闲茶
皂集

唐代赵州观音院高僧丛谂禅师，喜欢使用『吃茶去』作为机锋禅语。

平常的事物中蕴藏着真谛，而闲茶皂集灵感正源于此。

茶与皂的品质如此相像，不同产地、时间、温度赋予千变万化的层次与差异，看起来平凡不起眼，但待得时间久了，会越发迷人。

探索不同产地与品类的茶入皂后的碰撞，在迷人的茶皂发酵中，体验玄机与放松。

| 研发
日记 | 我在研发时，想解决的核心问题是如何平衡油性肤质，还期待着可以针对油性肤质人群的心理状态进行调整。我知道这或许有点难，但这的确重要，油性肤质问题还会带来许多心理上的问题。在平衡控油的同时，苦橙精油会带来很好的芳疗功效，舒缓油性肌肤人群的压力，驱赶不快乐与低落情绪，提升克服障碍的力量，获得"轻松"和"简单"感。 |

| 原料
解析 | 白毫银针，芽头肥壮，遍披白毫，挺直如针，色白似银。福鼎所产茶芽茸毛厚，色白，富光泽；汤色浅杏黄，香气清芬，入皂能更好地改善油性肌肤问题，让你拥有好心情。 |

| 辅助
功效 | 深层调节肌肤　净化肌肤　平衡肌肤油脂 |

| 适合
肤质 | 油性肌　混合肌　中性肌　不洁 |

| 原料
配方 | A：金盏花浸泡油 264g（金盏花 130g，橄榄油 500g）
B：椰子油 232g，荷荷巴油 144g，猴面包树油 80g，南瓜籽油 80g
C：白毫银针茶水 252g
D：氢氧化钠 109g
E：金盏花粉 15g，金盏花瓣 10g，苦橙精油 10g |

| 油品
总量 | 800g |

| 入模
总量 | 1196g |

◆ 制作过程

1 浸泡：将金盏花 130g 放入密封罐内，倒入橄榄油 500g，密封浸泡一个月以上作为金盏花浸泡油备用。

2 萃取与溶碱：将白毫银针冷萃茶水 252g 冷藏两小时以上，与 109g 氢氧化钠混合后备用。

3 混油：将金盏花浸泡油 264g、椰子油 232g、荷荷巴油 144g、猴面包树油 80g、南瓜籽油 80g 分别倒入一个容器中混合。

4 打皂：将油液和茶水在温度均为 30℃时，一边混合一边搅拌。

5 加料：搅拌到皂液呈酸奶状后加入苦橙精油 10g。

6 继续加料：再加入金盏花粉 15g、金盏花瓣 10g，搅拌均匀。

7   入模：将皂液倒入模具中。

8   保温与成熟：保温 2~5 天后出模晾皂 30 天以上，成熟后即可使用。

岩茶肉桂皂

每次喝到果香肉桂茶，我都会有一种很温暖的感觉，所以必须要着手研发这款皂，希望用不同的形式给更多人带来不同的温暖。切开这块皂时，皂感温而不寒，明明很新鲜，却有着久藏的温润质感。它香胜白兰，有芬芳馥郁的气息，用来洗脸温暖感满满，在茶桌边放一块皂也是欢喜得很。

原料
解析

果香肉桂，经充分的焙火，使得茶中的香味明显，便有了果香。中、足火的肉桂比较鲜香，高火的肉桂比较沉郁，还具有桂皮香、花香、木质香、兰香、栀子花香等，很是迷人。

辅助
功效

改善粉刺　温润肌肤　柔软肌肤

适合
肤质

混合肌　中性肌　粉刺

原料
配方

A：果香肉桂浸泡油 280g（果香肉桂茶 390g，橄榄油 1000g）

B：月桂果油 200g，椰子油 160g，葵花籽油 120g，亚麻籽油 40g

C：果香肉桂茶水 269g

D：氢氧化钠 117g

E：肉桂精油 10g

油品
总量

800g

入模
总量

1196g

5

6

1 选材：选购果香肉桂品种茶叶。

2 浸泡：将果香肉桂茶 390g 放入密封罐中，倒入橄榄油 1000g，密封浸泡一个月以上，获取果香肉桂浸泡油备用。

3 萃取与溶碱：将果香肉桂冷萃茶水 269g 冷藏两小时以上，与氢氧化钠 117g 混合后备用。

4 混油：将果香肉桂浸泡油 280g、月桂果油 200g、椰子油 160g、葵花籽油 120g、亚麻籽油 40g 依次倒入大容器中混合。

5 打皂：将上两步混合物在温度均为 30℃时，一边混合一边搅拌。

6 加料：搅拌到皂液呈酸奶状时加入肉桂精油 10g。

7   入模：搅拌均匀后入模。

8   保温与成熟：保温 2~5 天后脱模。晾皂 30 天以上，成熟后即可使用。

扫码看视频

（视频仅供参考）

相思红茶皂

这是一款为相思之人研制的皂。喝了一年多千年古树红茶，一天我突然被这首歌触动："但愿认得你眼睛，千年之后的你会在哪里，身边有怎样风景……"再取一把相思豆，给予千年情。于是我选择了来自临沧茶区的野生红茶，此茶茶树高大，生长在海拔 2000 米以上的高山密林深处。红茶的果香悠扬，带有红薯味和花草香，山野气味浓郁，这款千年古树红茶与代表相思之情的红豆相得益彰。

对长期面对电脑的上班族来说，古树红茶中的茶多酚可以改善肌肤色素的沉积，茶叶中的鞣酸物质还可以缓解面部肌肤干燥，起到呵护肌肤的作用。

呵护嫩肤　抗氧化　平衡油脂

中性肌　混合肌　油性肌　肤色不均

A：红茶浸泡油 280g（古树红茶 390g，橄榄油 1000g）

B：乳木果油 200g，椰子油 176g，蓖麻油 80g，亚麻籽油 64g

C：红茶水 266g

D：氢氧化钠 116g

E：红豆粉 20g

800g

1202g

◆ 制作过程

1 浸泡：将古树红茶 390g 放入密封罐中，倒入橄榄油 1000g 密封浸泡一个月以上，获取红茶浸泡油备用。

2 磨粉：将红豆研磨，取红豆粉 20g 备用。

3 萃取与溶碱：将红茶冷萃茶水 266g 冷藏两小时以上，与氢氧化钠 116g 混合后备用。

4 混油：将红茶浸泡油 280g、乳木果油 200g、椰子油 176g、蓖麻油 80g、亚麻籽油 64g 依次倒入一个大容器中混合。

5 打皂：将上两步混合物在温度均为 30℃时，一边混合一边搅拌。

6 加料：搅拌到皂液呈酸奶状时加入红豆粉 20g。

7

8

7　入模：搅拌均匀后入模。

8　保温与成熟：保温 2~5 天后脱模。晾皂 30 天以上，成熟后即可使用。

扫码看视频
（视频仅供参考）

花间皂集

古人闲趣，今人已很难拾得，但可以保留一些闲暇时的生活情趣，记得我以前很喜欢顾城这首诗：

我多么希望，有一个门口，早晨，阳光照在草上，

我们站着，扶着自己的门窗，门很低，但太阳是明亮的，

草在结它的种子，风在摇它的叶子，我们站着，不说话，就十分美好。

花间皂集就在这浮生偷闲缝隙间，闲花良草之间，风月自赊。

野菊豆乳皂

一款精心为宝宝做的皂，它温和亲肤，抗敏，大小和握感也恰好合适。挂绳我选了比较粗的棉绳代替麻绳，对宝宝来说更好抓取，也更为柔软。豆乳精华含有大量天然保湿因子，可以深入肌肤内部，补充水分，改善干燥、粗糙等问题。这款豆乳与野菊搭配的温和皂如处子一般，简单可人。

原料
解析

豆乳没有豆腥味，质地细腻，营养价值很高，堪比牛奶。豆乳有助于改善干燥、缺乏光泽、长痘的肌肤问题。

辅助
功效

使肌肤光滑细腻　均匀肤色　润泽温和

适合
肤质

宝宝　干性肌　敏感肌　中性肌

原料
配方

A：野菊浸泡油 280g（野菊 390g，橄榄油 1000g）

B：洋甘菊脂 200g，开心果油 160g，甜杏仁油 80g，芦荟油 80g

C：豆乳 251g

D：氢氧化钠 109g

油品
总量

800g

入模
总量

1160g

◆ 制作过程

5

6

1 浸泡：将野菊 390g 装入密封罐中，倒入橄榄油 1000g 密封浸泡一个月以上，获取野菊浸泡油备用。

2 冻奶：将豆乳 251g 冷冻成冰块备用。

3 溶碱：将氢氧化钠 109g 缓慢倒入 251g 豆乳冰块中，溶解备用。

4 混油：将野菊浸泡油 280g、洋甘菊脂 200g、开心果油 160g、甜杏仁油 80g、芦荟油 80g 依次倒入一个大容器中。

5 打皂：当上两步混合物温度均在 30℃时，一边混合一边搅拌到皂液呈酸奶状时入模。

6 刨皂：晾皂 30 天，成熟后把皂刨成皂片。

7　研磨与捏制：研磨揉捏皂片，加棉绳作为挂绳。

8　晾干：将皂晾干后即可使用。

扫码看视频
（视频仅供参考）

木槿桂花皂

做完这款皂，当皂刚成熟时我就试了一下，这款皂出奇的让人惊喜，因为皂的泡沫真的像棉花一样松松柔柔的，我马上囤藏了一批，到现在已经快囤两年了，真是不舍得用！囤过的木槿桂花皂的泡沫变成了老棉花质感，有踏实厚重的安全感，棉软而可靠。与桂花清香结合，有冬天躺在厚实柔软的棉被中的幸福感，让人心情好极了。

原料
解析

木槿花具有清热解毒作用，而且营养价值很高。

辅助
功效

清热舒缓　温和柔肤　平衡调理

适合
肤质

干性肌　中性肌　油性肌　痘痘肌

原料
配方

A：木槿桂花浸泡油 280g（木槿花 120g，桂花 80g，橄榄油 500g）

B：琉璃苣油 200g，椰子油 176g，榛果油 144g

C：桂花纯露 269g

D：氢氧化钠 117g

E：桂花粉 15g，桂花精油 10g

油品
总量

800g

入模
总量

1211g

◆ 制作过程

5

6

1 浸泡：取木槿花 120g、桂花 80g 放入密封罐中，倒入橄榄油 500g，密封浸泡一个月以上，获取木槿桂花浸泡油备用。

2 磨粉：研磨桂花粉 15g 备用。

3 刨皂：将已经成熟的木槿桂花皂刨成皂片。

4 加料：在皂片中加入桂花精油 10g。

5 捏制：反复捶打使精油和皂片充分混合，捏制成型。

6 晾干：将皂晾干后即可使用。

扫码看视频
（视频仅供参考）

菊花绿豆皂的创意源于古典名著《红楼梦》。大观园的太太、小姐们用菊花叶儿、桂花蕊熏的绿豆面子洗手，这实际上是古代澡豆的一种延续。绿豆、菊花是触手可及的寻常食材，研发这款皂不只是重现《红楼梦》里的生活美学，亦是以实际行动践行皂食同源的清洁理念。

原料
解析

绿豆提取物中的牡蛎碱和异牡蛎碱，不仅可以清洁皮脂膜，还可以清理皮肤深层废物，对汗疹、粉刺等皮肤油脂过剩问题的治疗效果甚佳。

辅助
功效

深层洁净　改善粉刺　平衡油脂

适合
肤质

油性肌　混合肌　中性肌　不洁

原料
配方

A：菊花浸泡油 280g（菊花 200g，橄榄油 500g）

B：洋甘菊脂 200g，椰子油 160g，小麦胚芽油 160g

C：菊花水 265g

D：氢氧化钠 115g

E：菊花绿豆粉 15g，薄荷精油 10g

油品
总量

800g

入模
总量

1205g

5

6

7

1　浸泡：将菊花 200g 放入密封罐中，倒入橄榄油 500g，密封浸泡一个月以上，获取菊花浸泡油备用。

2　磨粉：研磨菊花绿豆粉 15g 备用。

3　刨皂：将已经成熟的菊花绿豆皂刨成片。

4　加料：加入菊花绿豆粉 15g 和薄荷精油 10g。

5　捶打：反复捶打研磨。

6　捏制：揉捏塑型。

7　晾干：将皂晾干后即可使用。

扫码看视频
（视频仅供参考）

櫻花糯米皂

制作这款皂的时候，我想起来资深美食爱好者总是说中国菜讲究火候，火一开，煎炒烹炸，功夫在分秒之间，重耕耘。日本菜讲究工夫，先让食材经过恰当的时间析出水，再开始料理，心思在筹备，贵在等。樱花糯米皂像是综合了中日烹饪的主旨，恰如其分地等待，恰到好处地熬煮。樱花浸泡在橄榄油中数月，用香禾糯熬煮糯米水，混合，制皂数日，熟化数月。寒来暑往，一枚樱花糯米皂取一年花、一年米，走一年光阴。

樱花含有丰富的营养物质，有助于皮肤紧致，保持皮肤弹性。樱花提取物中的樱花酵素还可以改善痘痘。

紧致肌肤　润养光泽　平均肤色

暗沉　毛孔粗大　中性肌　混合肌

A：樱花浸泡油 280g（樱花 390g，橄榄油 1000g）

B：椰子油 200g，乳木果油 120g，樱桃籽油 120g，茶花油 80g

C：糯米水 270g

D：氢氧化钠 118g

E：樱花精油 10g，糯米 50g

800g

1248g

◆ 制作过程

1

2

3

4

1 　浸泡：将樱花 390g 放入密封罐中，倒入橄榄油 1000g，密封浸泡一个月以上，获取樱花浸泡油备用。

2 　熬煮：将糯米 50g 加水熬煮 20 分钟。

3 　溶碱：过滤糯米水 270g，冷藏两小时后倒入氢氧化钠 118g 溶解备用。

4 　混油：将樱花浸泡油 280g、椰子油 200g、乳木果油 120g、樱桃籽油 120g、茶花油 80g 依次倒入大容器中混合。

5 　打皂：将上两步混合物在温度均为 30℃时，一边混合一边搅拌。

6 　入模：搅拌到皂液呈酸奶状时加入樱花精油 10g，拌匀后入模。

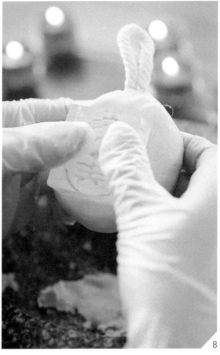

7　研磨：晾皂 30 天，成熟后刨丝，捶打研磨。

8　捏制：捏制成型，加棉绳作为挂绳。

9　晾干：将皂晾干后即可使用。

扫码看视频
（视频仅供参考）

皂礼
合集

皂礼寓意

参加朋友婚礼时，人们往往会看到将红枣、花生、桂圆、莲子摆在婚房床上的场景，将这四种食物各取一个字组成“早生贵子”，是人们对新婚夫妇美好的祝福和幸福的期盼。做一款寓意“早生贵子”的手礼皂，用红枣、花生、桂圆、莲子寓意多子多福，喜庆吉祥，在一起永不分离。

原料配方

A：橄榄油 245g，澳洲胡桃油 175g，椰子油 140g，沙棘果油 70g，葡萄籽油 70g

B：红枣、花生、桂圆、莲子汁水共 256g

C：氢氧化钠 102g

D：肉桂精油 10mL

油品总量

700g

入模总量

约 1058g

1

2

3

4

5   6

1　备料：把红枣 50g、花生 30g、桂圆肉 50g、莲子 30g 清洁干净备用。

2　浸泡：将上一步的备料放入砂锅内，加入清水 500mL，浸泡 30 分钟。

3　熬煮：直接加热熬煮 20 分钟。

4　取汁：取汁水，可以过滤一下，冷却后冷冻备用。

5　混油：把橄榄油 245g、澳洲胡桃油 175g、椰子油 140g、沙棘果油 70g、葡萄籽油 70g 依次混合在一个大盆中，温度控制在 30℃备用。

6　溶碱：取氢氧化钠 102g，缓慢加入提前冷冻好的汁水 256g，搅拌均匀至无颗粒，把温度控制在 30℃备用。

7　打皂：把上一步制成的溶液缓慢倒入配好的植物油大盆中，快速搅拌。

8　加料：待完全混合后，加入肉桂精油10mL，搅拌均匀。

9　入模：搅拌到皂液呈酸奶状，可以刮出明显痕迹，入单孔模具，保温2~5天出模。

10 成熟: 晾干 30 天, 成熟后即可包装, 作
　 为礼物赠送。

　 注意: 入模时要多震动几下消泡, 出模时要
　 小心, 不要破坏花纹。如果皂体还很软, 可
　 以把皂拿出保温箱, 再放两天后脱模。

扫码看视频
(视频仅供参考)

长辈皂礼—沉香皂

给长辈做一款手工皂，我首先的想法依然是从原材入手，外观可以是经久
耐用、朴实无华的，内在却必须有经得起时间流逝的雅致醇厚。选用沉香，
因它历经腐朽再生，被视为天地之灵、木中舍利，具有宁静肃穆的力量。
这款沉香皂厚重又轻灵，这份珍贵的皂礼很适合送给长辈，表达敬意。

....

原料
配方

A：沉香浸泡油 210g（沉香木 500g，橄榄油 1000g）

B：乳木果油 175g，月桂果油 140g，椰子油 105g，杏核仁油 70g

C：沉香纯露 230g

D：氢氧化钠 100g

E：沉香精油 10mL

....

油品
总量

700g

....

入模
总量

约 1030g

....

5

6

1 浸泡：将沉香木 500g 放入密封罐中，倒入橄榄油 1000g，封存浸泡三个月以上，待沉香木气息析出到植物油中，得到的沉香油也变得香而雅致。

2 勾粉：沉香木极为珍贵，可在做皂时勾取一些点香，也可在研磨时加入少量增加层次。

3 刨皂：按配方制作皂，成熟后刨片。

4 研磨：研磨刨好的皂片通过反复捶打后被改变了分子结构。研磨时可以再次加入一些植物油。

5 捏制：捏制成型，让皂体完全融合为新的形态。

6 晾干：将皂晾干后即可使用。

扫码看视频
（视频仅供参考）

女士皂礼——荔枝皂

娇美的女人总被称为"尤物",水果中当之无愧的"尤物"是荔枝,或许是由描写杨贵妃的经典诗句"一骑红尘妃子笑,无人知是荔枝来。"而来。还有荔枝红扑扑的外壳像极了女人娇羞红润的面庞,果肉又像吹弹可破的肌肤,这一切让荔枝与美好的女子不可分割。做一款荔枝皂,送给女性朋友,定会让人心生欢喜。

A:橄榄油 210g,美藤果油 210g,开心果油 140g,葡萄籽油 70g,甜杏仁油 70g

B:荔枝冰 223g(荔枝肉 300g,纯水 600mL)

C:氢氧化钠 97g

D:红曲粉 20g

700g

1040g

◆ 制作过程

1 备料：将荔枝剥去外壳，去掉内核备用。

2 取汁：将荔枝肉 300g 加入纯水 600mL 打汁，过滤一下，将汁水冷冻备用。

3 溶碱：把氢氧化钠 97g 缓慢倒入上一步制得的荔枝冰 223g，搅拌使溶解，温度控制在 28℃备用。

4 配油：把橄榄油 210g、美藤果油 210g、开心果油 140g、葡萄籽油 70g、甜杏仁油 70g 混合在一个大盆中，温度控制在 28℃备用。

5 打皂：将上两步混合物在温度均为 28℃时混合，并不断搅拌。

6 打底：搅拌到皂液呈酸奶状时倒入模具三分之一处打底。

11

7 造型：用提前做好的皂捏制出一条断面为荔枝形状的皂，在表面撒上红曲粉。

注意：可以提前一天准备好荔枝造型的皂（皂中皂），以防手忙脚乱。可以在皂软硬适中情况下用手捏成荔枝造型，用筷子戳出表面凹凸不平的形状。

8 入模：这时模具中的皂液也有了一定的承载力，把荔枝皂放在模具中合适的位置。

9 封皂：把剩余的皂液继续倒满模具。

10 压纹：用勺子压出花纹。

11 成皂与成熟：保温 2~5 天，出模后可以开始切皂。晾皂 30 天以上，成熟后即可使用。

扫码看视频
（视频仅供参考）

男士皂礼—巧克力旋风皂

巧克力馥郁浓香，入口即化，甜蜜的滋味如同美妙的爱情。如果女生送巧克力给男生，说明这位男生在女生心中有一定位置。如此，不如做成巧克力皂来表达浓厚深沉，传递浓厚情谊之意。成熟的男士若喜欢巧克力的苦，也定会喜欢此皂特有的洗感带来的更深远、亲和的体验感。

A：橄榄油 255g，可可脂 224g，椰子油 128g，蓖麻油 85g

B：纯水 278mL

C：氢氧化钠 121g

D：100% 黑巧克力 85g

692g

1176g

◆ 制作过程

1 备料：选 100% 黑巧克力入皂，抗氧化功能优秀。

2 溶解：将黑巧克力隔水加热融化，保持温度以免凝固。

3 配油：把橄榄油 255g、可可脂 224g、椰子油 128g、蓖麻油 85g 混合在一个大容器中，温度
   控制在 40℃ 。

   溶碱：将氢氧化钠 121g 缓慢加入纯水 278mL 中，搅拌使溶解，温度控制在 40℃ 。

4 打皂：将上两步得到的溶液一边混合一边快速搅拌到皂液呈酸奶状，可以刮出明显痕迹。

5 加料：把融化好的 100% 黑巧克力 85g 倒入皂液中，搅拌均匀。

6 搅拌：搅拌均匀后备用，但不要放置太久。

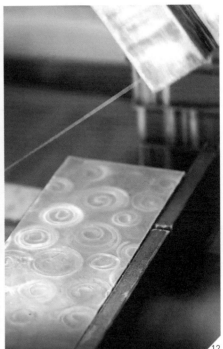

11 12

7　刨皂：将提前做好的原色皂刨片，可以刨长一些（相同配方，不加黑巧克力即原色皂）。

8　造型：把刨下的皂花慢慢卷起来，放在模具中。

9　入模：把搅拌好的黑巧克力皂液入模，多震动几下消泡。

10　修整：可以用刮刀刮平整一些，保温 2~5 天。

11　切皂：出模后等待皂体外表干爽冷却后即可切割。

12　修皂与成熟：切出自己想要的大小即可，将四个边在修皂器上修一下，纹路会更加清晰。晾皂 30 天以上，成熟后即可使用。

扫码看视频
（视频仅供参考）

儿
童
皂
礼
—
栗
子
蛋
糕
皂

每个小朋友都爱美食，说到送给小朋友的皂，我想到的不仅是可人的外表，还有诱人的食材，健康有颜值，充满童趣，是这份礼物的可爱之处。栗子蛋糕皂看起来就像下午茶桌上的一道点心，没有过多的色素，但润泽有食欲的质感会慢慢占满每个小朋友的感官，让他们尽情地享受这份多彩的快乐童年吧。

原料
配方

A：橄榄油 315g，乳木果油 225g，澳洲胡桃油 135g，椰子油 135g，白芒花籽油 90g

B：板栗水 291g

C：氢氧化钠 127g

D：栗子泥 90g，胡萝卜素 18g

油品
总量

900g

入模
总量

1426g

1 配料：选新鲜板栗洗净。

2 去壳：把板栗去壳，与小朋友一起完成这个步骤可以增加手作在家庭中的乐趣。

3 熬煮：将去壳的板栗加水熬煮 20 分钟，使其熟透。

4 取汁：将熬煮出来的板栗水过滤，冷冻备用。

5 沥水：将煮熟的板栗沥干水分。

6 研磨：把熟透的板栗慢慢研磨成泥。

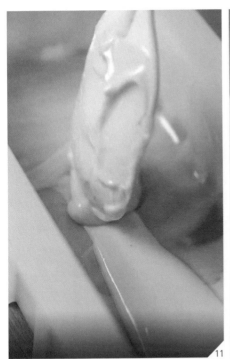

7　调皂：在栗子泥 90g 中加入胡萝卜素 18g，倒入一点皂液调匀（皂液按配方制作好）。

8　搅拌：搅拌到无颗粒状态时，可以再增加一点皂液继续调匀，调制大概 700g 备用。

9　打底：将没有调色的皂液先倒入模具，五分之一处打底。

10　入模：将调好色的栗子皂液无规则地分布在模具中。

11　层叠：将这两种皂液交替层叠地铺到模具差不多满了即可。

12　裱花：将剩余的栗子皂液装入裱花袋中，在皂体表面裱花。

13　切皂：保温 2~5 天后出模，待皂体外面干爽冷却即可开始切皂。

14　成熟：晾皂 30 天，成熟即可使用。

扫码看视频
（视频仅供参考）

图书在版编目（CIP）数据

东方自然清洁良方：21款古法新作手工皂：视频版/
杨雯心著. —北京：机械工业出版社，2023.8
（自然美学手作书系）
ISBN 978-7-111-73331-7

Ⅰ.①东⋯ Ⅱ.①杨⋯ Ⅲ.①香皂–手工艺品–制作
Ⅳ.①TS973.5

中国国家版本馆CIP数据核字（2023）第105747号

机械工业出版社（北京市百万庄大街22号 邮政编码100037）
策划编辑：马 晋   责任编辑：马 晋
责任校对：王荣庆 李 婷 责任印制：常天培
北京宝隆世纪印刷有限公司印刷
2023年10月第1版第1次印刷
145mm×210mm・5.75印张・2插页・204千字
标准书号：ISBN 978-7-111-73331-7
定价：58.00元

电话服务   网络服务
客服电话：010-88361066   机 工 官 网：www.cmpbook.com
         010-88379833   机 工 官 博：weibo.com/cmp1952
         010-68326294   金 书 网：www.golden-book.com
封底无防伪标均为盗版 机工教育服务网：www.cmpedu.com